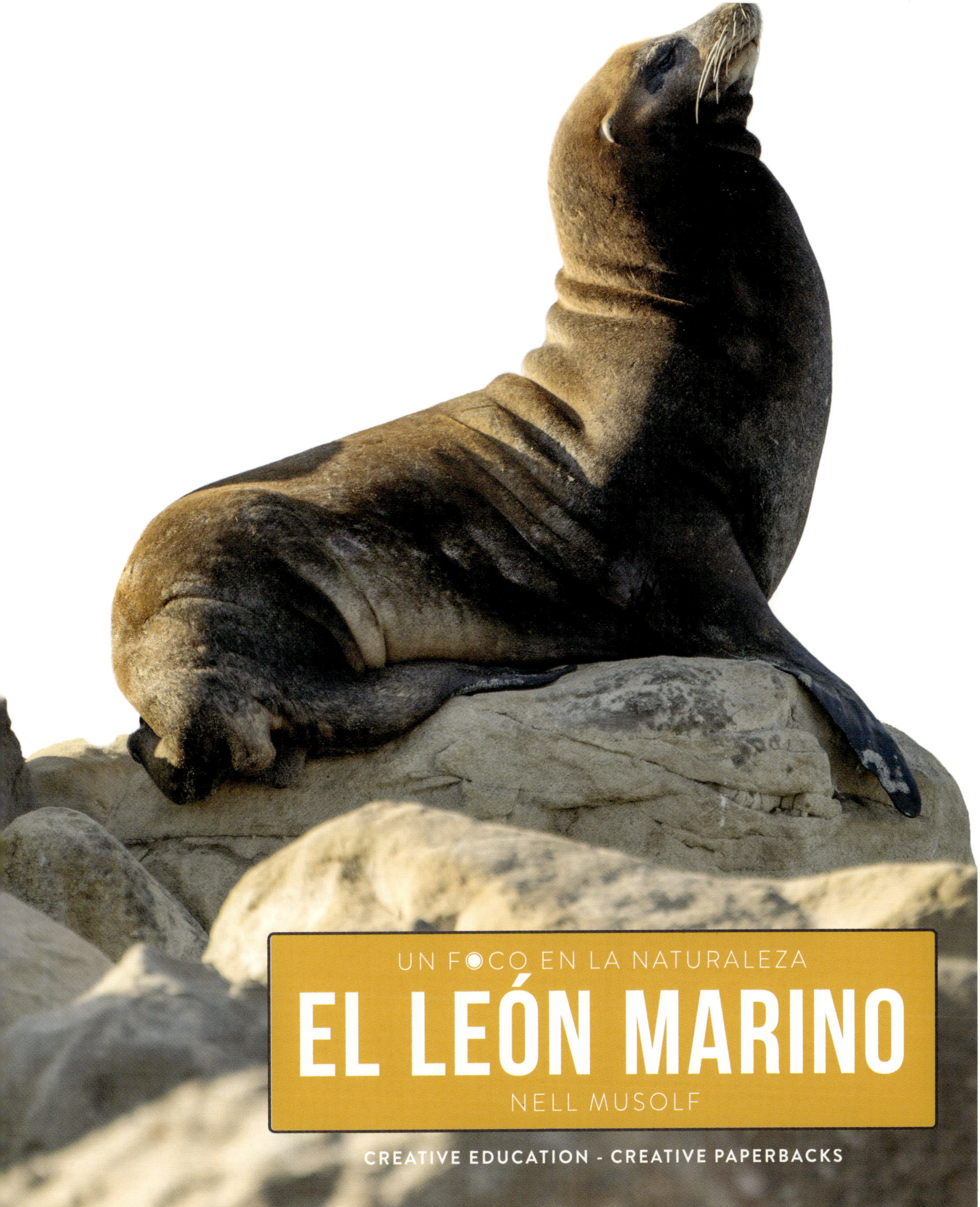

UN FOCO EN LA NATURALEZA

EL LEÓN MARINO

NELL MUSOLF

CREATIVE EDUCATION - CREATIVE PAPERBACKS

Publicado por Creative Education y Creative Paperbacks
P.O. Box 227, Mankato, Minnesota 56002
Creative Education y Creative Paperbacks
son sellos de The Creative Company
www.thecreativecompany.us

Diseño de Blue Design, Inc.
Dirección artística de Graham Morgan
Editado por Grace Beltowski

Fotografías de Dreamstime/Christian Schmalhofer, 18, Derek Holzapfel, 29, Ivonne Wierink, 28; flickr/Biodiversity Heritage Library, 3, 6, 8, 10, 14, 16, 20, 22, 28; Getty Images/Doug Steakley, 4-5, Paul Souders, 11, Lynne Gilbert, 17; Pexels/Brian Hackworth, 27, Elianne Dipp, 14, Lachlan Ross, 9; Shutterstock/Anne M Vallone, 29, Katrina Outland, 10, rebvt, 20-21; Unsplash/Hc Digital, 24, Kace Rodriguez, 12, Mike Kitchen, portada, 1, Romy Vreeswijk, 16; Wikimedia Commons/Alexdi at English Wikipedia, 6, Andrew Turner, 21, Jennyhjert, 23, dominio público, 29, Rhododendrites, 15

Library of Congress Cataloging-in-Publication Data
LCCN: 2024053942
Library binding ISBN: 9798889899266
Paperback ISBN: 9781682779668
eBook ISBN: 9798895810057

Impreso en India

CONTENIDO

CONOCE A LA FAMILIA

LEONES MARINOS DE CALIFORNIA

de la bahía de Monterey

Es junio en la bahía de Monterey, una ensenada de la costa de California. La bahía conecta con el océano Pacífico. La temperatura es de unos suaves 17,8 grados Celsius (64 grados Fahrenheit). El aire es salado por el mar. El sol calienta. En tierra, el lupino púrpura crece junto a las amapolas amarillas de California. En la zona de la bahía también viven animales como ciervos mulos y coyotes. Se pueden ver leones marinos y focas de puerto tomando el sol en la playa.

Tras casi un año de gestación, una hembra de león marino está lista para dar a luz. La madre, también conocida como vaca, ha encontrado una playa de arena en la costa. Denominada **colonia de cría**, la playa ya está llena de docenas de leones marinos madre y sus cachorros recién nacidos. Hoy nacerá otro.

PRIMER PLANO

Un bebé peludo

La piel de los leones marinos está cubierta de una capa de pelo, o pelaje. El grosor del pelo varía según la especie. Cuando está mojado, el pelaje de un león marino se parece al de un perro mojado. Es suave y liso.

CAPÍTULO UNO

LA VIDA COMIENZA

Los leones marinos son **pinnípedos**. Un pinnípedo es un mamífero marino que tiene aletas delanteras y traseras. Otros pinnípedos son las focas y las morsas. Todos los pinnípedos viven en el océano, pero también pueden vivir en tierra durante breves periodos de tiempo. Descansan en playas arenosas o costas rocosas. Cazan presas y se refrescan en el agua.

Hay seis especies de leones marinos en todo el mundo: Leones marinos de Australia, California, Galápagos, Nueva Zelanda, Sudamérica y Steller. Aunque los leones marinos **migran**, reciben su nombre según su ubicación principal. El león marino de Steller es la única excepción. Se encuentra en el Pacífico Norte, desde Japón hasta Alaska, pero también puede encontrarse tan al sur como California. Existen ligeras variaciones entre las especies. Los leones marinos sudamericanos tienen el hocico más corto y ancho que las demás especies. Los leones marinos australianos tienen crines más claras. Los leones marinos de Steller pueden ser de color marrón rojizo, mientras que otras especies son de color marrón oscuro o negro.

HITOS DEL LEÓN MARINO DE CALIFORNIA

DÍA 1

- Nace
- Peso: 7,3 kilogramos (16 libras)
- Longitud: 76,2 centímetros (30 pulgadas)
- Tiene los ojos abiertos
- Vocaliza a la madre
- Puede caminar al final del día

Todos los leones marinos tienen orejeras externas, aletas largas y pecho y vientre grandes. Su pelaje es corto y grueso. Una capa de grasa les mantiene calientes en el océano. Las hembras adultas pesan entre 91 y 181 kg (200–400 libras). Los machos adultos pesan entre 272 y 363 kg (600–800 libras), pero algunos llegan a pesar 454 kg (1.000 libras). Los leones marinos de Steller, que son los más grandes, pueden pesar hasta 1.134 kg (2.500 libras). Pueden alcanzar una longitud de 3,4 metros (11 pies).

PRIMER PLANO

Vinculación especial

Las madres león marino pueden encontrar a sus cachorros incluso entre cientos de otros leones marinos. Esto se debe al ladrido único del cachorro, que la madre conoce desde que nació. Cuando la madre localiza a su cachorro, lo olfatea para asegurarse de que es el correcto.

Los leones marinos son importantes para los ecosistemas oceánicos. Se alimentan de una gran variedad de peces, lo que ayuda a regular las poblaciones de peces. Los leones marinos de California cazan sardinas, anchoas, pulpos y calamares. Los leones marinos australianos comen lábridos de garganta azul, calamares, sepias y pingüinos hada. Los leones marinos sudamericanos

FAMILIA  DESTACADA

Bienvenido al mundo

El nacimiento es rápido para los leones marinos. Puede durar entre unos minutos y una hora. Cuando la hembra siente que su cachorro sale de su cuerpo, empieza a vocalizarle. El cachorro responde a sus sonidos especiales. Hablan durante 20 minutos. Esta conversación ayuda a la vaca y al cachorro a establecer un vínculo. La vaca huele, acaricia, tira y pellizca al recién nacido. El cachorro es de color marrón oscuro. Tiene los ojos abiertos y estudia la cara de su madre. La vaca y el cachorro se están conociendo.

comen pulpos, calamares y **crustáceos**. Los leones marinos también son una fuente de alimento para las orcas y varios tipos de tiburones, como el tiburón blanco, el tiburón martillo y la tintorera. Ocasionalmente, una especie de león marino depreda a otra, pero esto es poco frecuente.

Dado que los leones marinos viven tanto en el agua como en tierra, desempeñan otro papel importante como **mensajero** nutricional. Cuando un león marino sale del océano, transporta nutrientes del agua a la tierra. Estos nutrientes mantienen el suelo sano.

3 SEMANAS

- Comienza a interactuar con otros cachorros

2 MESES

- Recibe su primera lección de natación
- **Muda** por primera vez

PRIMER PLANO

Aletas que se agitan

A diferencia del resto del cuerpo del león marino, que tiene una gruesa capa de grasa para mantener el calor, las aletas no están bien **aisladas** . Un león marino puede regular su temperatura corporal sacando una aleta del agua para absorber o liberar calor.

FAMILIA DESTACADA

Primera comida

El cachorro recién nacido tiene hambre. La madre amamanta al cachorro, algo que hará durante los próximos 6 a 12 meses. No dejará al cachorro ni el primer día ni el siguiente. Al tercer día, puede dejar solo al cachorro mientras ella busca en el mar. La búsqueda de comida ayuda a la madre a recuperar energía. Cuando vuelva con el cachorro, lo amamantará de nuevo. La leche será el único alimento del cachorro durante unos meses. Cuando la cría sea lo suficientemente mayor, añadirá pescado al menú.

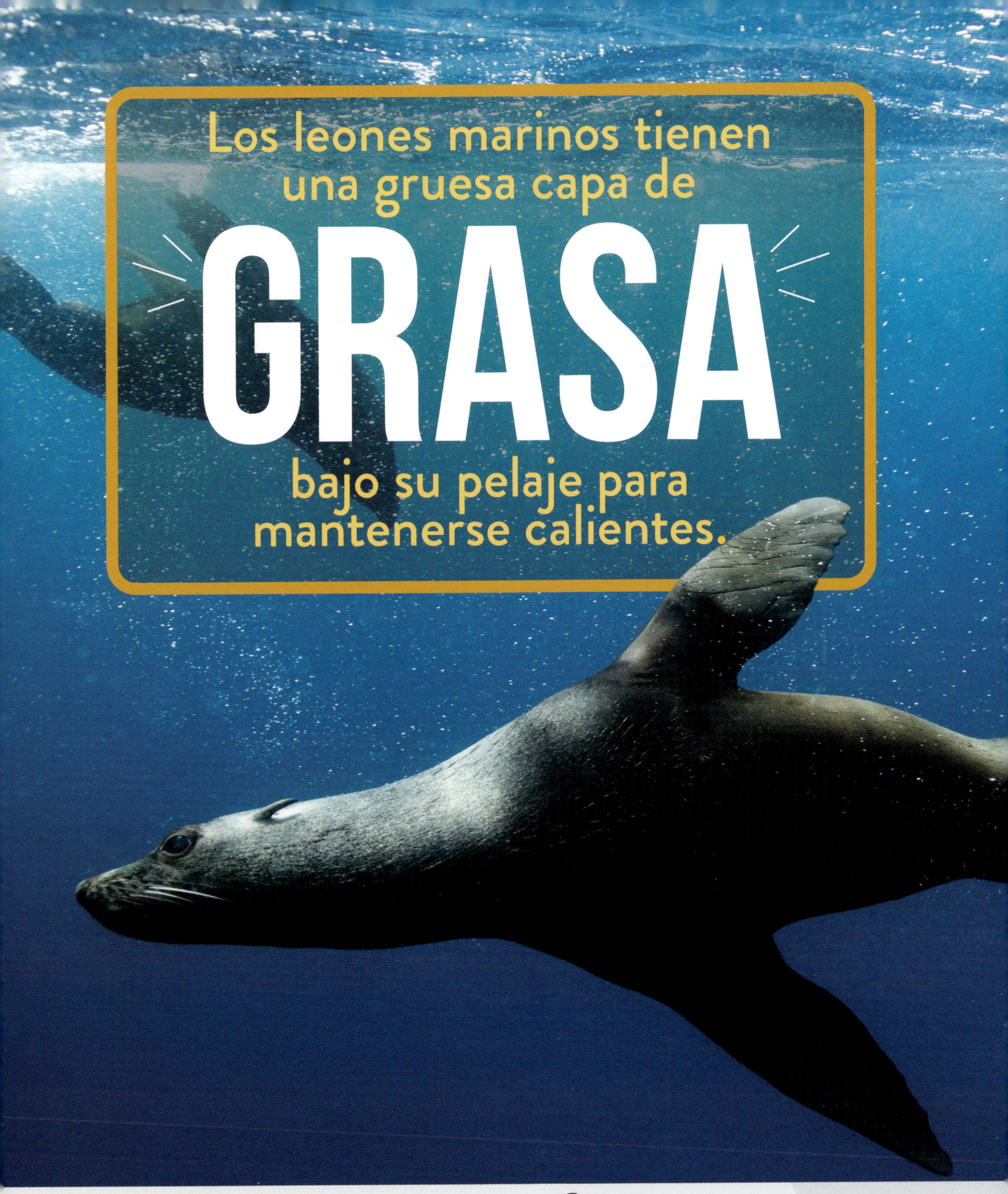

Los leones marinos tienen una gruesa capa de

GRASA

bajo su pelaje para mantenerse calientes.

3 MESES

- Sigue amamantando
- Empieza a comer pescado

6 MESES

- Muda por segunda vez

PRIMER PLANO

Muda

Todos los leones marinos mudan. Durante este periodo, mudan el pelaje y les crece piel y pelo nuevos. La muda protege la piel de los leones marinos de los daños causados por las peleas y el exceso de sol. Los leones marinos permanecen en tierra durante este proceso.

CAPÍTULO DOS

PRIMERAS AVENTURAS

Las madres permanecen con sus cachorros los primeros días de vida. Después, la madre deja temporalmente al cachorro en tierra mientras ella vuelve al océano. Pasa hasta cinco días alimentándose y buscando comida. Mientras está fuera, el cachorro no come. Finalmente, la madre regresa para amamantarlo de nuevo. Este patrón continúa durante un año.

La duración de la lactancia depende de la especie. Los leones marinos australianos amamantan hasta 15 meses y forman fuertes vínculos con sus madres durante ese tiempo. Los leones marinos de las Galápagos pueden amamantar hasta tres años. Los leones marinos de California son completamente **destetados** al año de edad. Su dieta consiste entonces en pescado y otros mariscos como el pulpo.

Cuando las crías tienen entre dos y tres semanas, empiezan a interactuar con otras crías de la colonia. Las colonias están formadas por varias familias. Las crías aprenden muchas habilidades sociales de estos grupos. Se persiguen

1 AÑO

- Completamente destetado de la madre
- Empieza a cazar su propia presa

PRIMER PLANO

Vista clara

Se cree que los leones marinos no ven en color. En cambio, ven en un espectro que va del azul al verde. Los leones marinos tienen una membrana llamada tapetum lucidum en la parte posterior de los ojos. Esta membrana les permite ver más claramente con poca luz y de noche.

FAMILIA DESTACADA

Mira quién camina

Desde que nació, la cría utiliza sus cuatro aletas para desplazarse por el agua con facilidad. Sus grandes aletas delanteras también le permiten desplazarse por tierra. Después de nadar, arrastra su cuerpo hasta la orilla. Con un poco de esfuerzo, coloca las cuatro aletas bajo su cuerpo y comienza a caminar. Es un poco brusca, pero aprenderá a moverse más suavemente con el tiempo. Por ahora, encuentra una roca caliente en la playa y descansa bajo el sol.

unos a otros, surfean juntos y a veces se empujan desde las rocas al agua. Este tipo de juego les prepara para futuras batallas territoriales.

Durante los seis primeros meses de vida, los leones marinos mudan dos veces. Después, mudan anualmente. A medida que crecen, los leones marinos se vuelven más independientes. Alrededor de un año de edad, por lo general ya no viven con sus madres y rara vez interactúan con ellas. Los leones marinos machos de las especies de Galápagos parecen permanecer más cerca de sus madres que las hembras, posiblemente como protección.

(2) AÑOS

- Su dieta es más variada e incluye pescado, pulpo, calamar, almejas y langosta
- Longitud: 2 m (6,5 pies)

PRIMER PLANO

Bigotes

Los leones marinos tienen bigotes largos y rígidos. Miden hasta 27,9 cm (11 pulgadas) de largo. Estos bigotes tienen fibras nerviosas que los hacen sensibles al entorno oceánico. Los bigotes ayudan a los leones marinos a navegar por el agua y encontrar presas.

FAMILIA  DESTACADA

Pruébalo

¡Eh, espera! El cachorro de seis meses se une a un grupo de leones marinos mayores que buscan comida. Juntos, salen al mar a cazar peces. En grupo, reúnen a una familia de sardinas en una bola. La hambrienta cría ha aprendido a cazar observando a los otros leones marinos. Los observa con impaciencia mientras se turnan para coger un pez y comérselo. Finalmente, es su turno. Se lanza hacia delante y coge uno rápidamente. Justo a tiempo, porque se muere de hambre.

Los leones marinos adultos **MUDAN** una vez al año.

4 AÑOS

- Las hembras alcanzan la madurez sexual y se reproducen por primera vez
- Peso de la hembra: 136 kg (300 libras)

PRIMER PLANO

Tapones para los oídos

Los leones marinos tienen aletas externas en los oídos. Estas aletas actúan como tapones para los oídos. Giran hacia abajo. Así evitan que les entre agua en las orejas. Las seis especies de leones marinos tienen orejeras externas.

CAPÍTULO TRES

LECCIONES DE LA VIDA

Tras abandonar la colonia, los leones marinos siguen siendo sociables. A menudo se les encuentra en grupos en el agua llamados manadas o **balsas**. Las manadas pueden tener más de 1.000 miembros. Los miembros permanecen juntos, a veces tumbados unos encima de otros cuando duermen. En aguas profundas, los leones marinos también pueden dormir flotando con la nariz fuera del agua. Esto les permite respirar. En zonas poco profundas, se hunden en el fondo mientras duermen. Suben a la superficie cuando necesitan aire.

Machos y hembras de león marino viven juntos en las balsas. Los leones marinos empiezan a reproducirse alrededor de los cuatro o cinco años. Cuando comienza la época de apareamiento, a finales de junio, los machos, o toros, son los primeros en salir del agua. Necesitan más tiempo para prepararse. Primero, delimitan un territorio. El territorio puede estar sobre hielo, rocas o arena. Una vez que un macho ha establecido su propio territorio de cría, compite con otros machos ladrando fuerte y agresivamente.

5 AÑOS

- Los machos alcanzan la madurez sexual y se reproducen con varias hembras
- Peso del macho: 318 kg (700 libras)
- Las hembras tienen una segunda cría

Los leones marinos machos ladran continuamente durante la época de cría. Este ladrido les ayuda a defender sus territorios e intimidar a otros machos de la zona. También pueden mirar fijamente, sacudir la cabeza o arremeter contra otros machos para mantenerlos alejados. Los leones marinos machos no comen durante la época de apareamiento.

Las hembras suelen aparearse una vez al año. Los leones marinos machos buscan tantas hembras como sea posible. Un solo macho se aparea con una media de 16 hembras

FAMILIA DESTACADA

Así se hace

El león marino de un año tiene hambre. Ha aprendido a cazar de su madre y de otros leones marinos. Ahora caza por su cuenta. Se mueve suavemente por el agua fría del océano. ¿Qué es eso? Divisa un banco de arenques nadando cerca de ella. Su boca se abre mientras avanza, recogiendo agua en el camino. ¡Chasquido! Cierra la boca rápidamente. Traga. Tiene muchos dientes, pero se traga a su presa entera. Satisfecha con su tentempié, sigue adelante. ¿Qué será lo próximo que encuentre?

PRIMER PLANO

¡Ráscate ese picor!

Los leones marinos tienen tres uñas en las aletas traseras que utilizan para rascarse. Su flexibilidad les permite llegar a casi todo el cuerpo. Si no alcanzan un punto de picor, se frotan contra las rocas o contra otros leones marinos.

(10) AÑOS

- Continúa mudando cada año
- Las hembras paren una cría cada año
- Longitud: Hasta 2,3 m (7,5 pies)

cada temporada de apareamiento. Forma un **harén**. El macho vigilará su harén y mantendrá a salvo a las hembras de león marino. A menudo, existen varios harenes en la misma zona. Cuando termina la temporada de cría, a principios de agosto, las hembras suelen permanecer juntas. Los machos adultos y jóvenes abandonan la colonia y migran a otros lugares de alimentación durante el invierno.

PRIMER PLANO

Capas de dientes

Cada año, un león marino desarrolla una nueva capa de dientes. Es posible saber la edad de un león marino contando las capas. Es como contar los anillos del tronco de un árbol.

La mayoría de los leones marinos viven unos 20 años en libertad. En cautividad pueden vivir hasta 30 años. Las crías de león marino tienen una **tasa de mortalidad** del 10 al 15 por ciento durante el primer mes de vida. Algunos recién nacidos son abandonados y mueren. Algunos son arrastrados de las colonias por las olas del mar. Otros enferman y mueren antes de cumplir un año.

FAMILIA DESTACADA

La práctica hace al maestro

Ya crecido, el león marino es un maestro en la caza por su cuenta. Sabe dónde encontrar a su presa y cómo atraparla. Se mueve por el agua, sus aletas le ayudan a mantener un ritmo constante. Divisa un pez plano y nada detrás de él. Con un movimiento suave, el pez plano está en su boca. Luego sale del agua y llega a la orilla. Comienza a mover la cabeza de un lado a otro. Se desprenden trozos del pez plano. Pronto es lo suficientemente pequeño como para que se lo trague. ¡Delicioso!

LEONES MARINOS

a veces se tumban unos encima de otros cuando duermen.

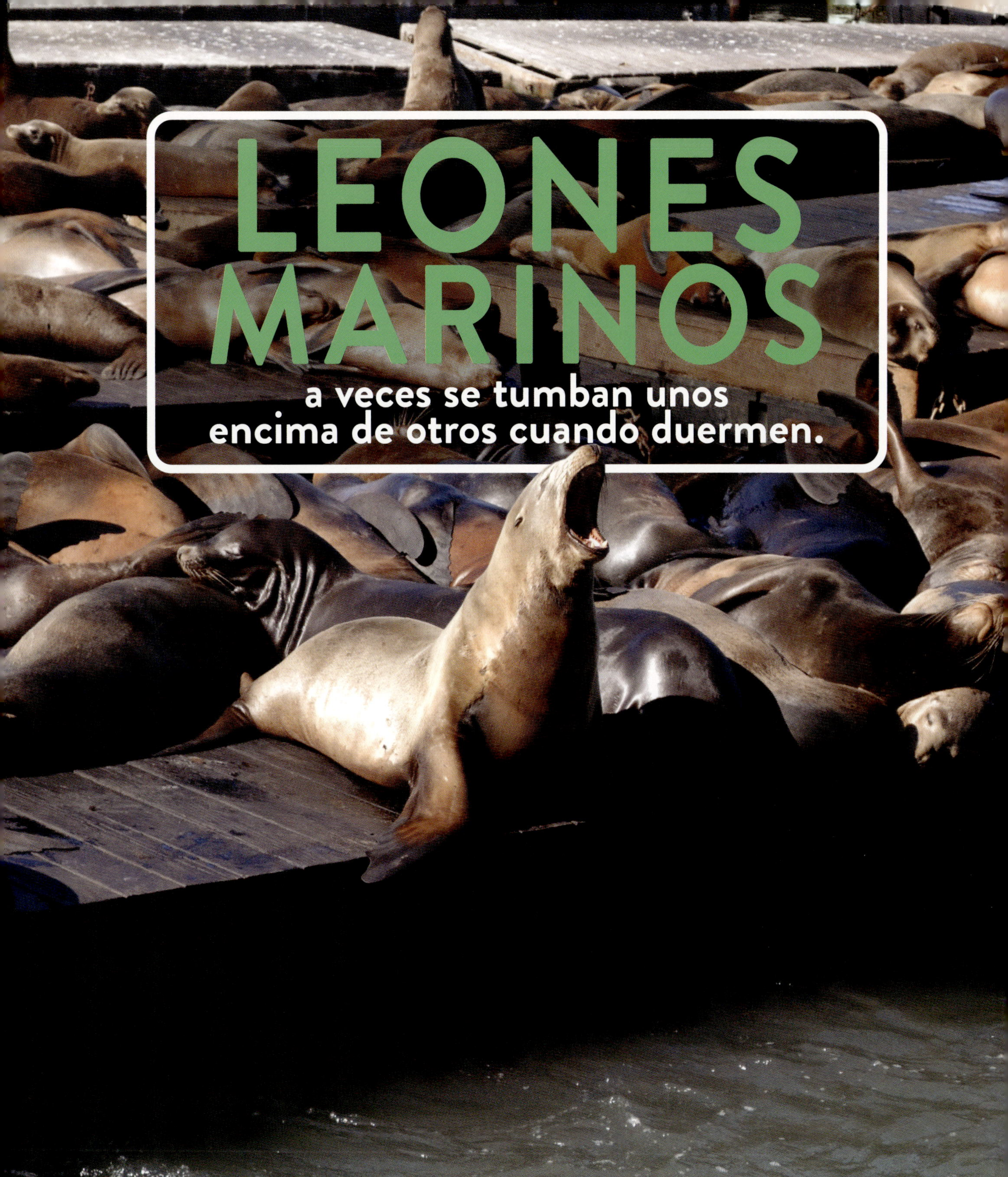

20 AÑOS

- Fin de la vida

CAPÍTULO CUATRO

AYUDANDO A LOS LEONES MARINOS A SOBREVIVIR

Durante cientos de años, los leones marinos fueron cazados por el hombre en todo el mundo. En la costa de Alaska, los leones marinos de Steller se cazaban por su carne, aceite, grasa y pieles. Las pieles se utilizaban para cubrir embarcaciones que se llamaban barcos de piel. También se mataban leones marinos para obtener **recompensas**. La gente pensaba que habían demasiados. En 1972 se aprobó la Ley de Protección de Mamíferos Marinos. La caza, captura y muerte de mamíferos marinos, incluidos los leones marinos, pasó a ser ilegal en Estados Unidos. Los leones marinos siguen estando en peligro. Pueden quedar atrapados en las redes de deriva que las pesquerías colocan en el océano. Estas redes de deriva capturan peces para empresas comerciales.

Otra amenaza para los leones marinos es el cambio climático. A medida que la temperatura del agua aumenta debido al calentamiento global, las corrientes en el agua se ralentizan y hay menos peces disponibles para que los leones marinos se alimenten. Con sus fuentes de alimento amenazadas, podría ser más difícil para los leones marinos sobrevivir. Ciertas formas de algas también contienen una toxina que ataca el cerebro y el corazón de los leones marinos. Las algas son ingeridas por pequeños peces que luego son devorados por los leones marinos. La toxina se acumula en el cuerpo del león marino y acaba causándole problemas de salud.

Hay formas de ayudar a los leones marinos. Una solución es no utilizar productos químicos en el césped o los jardines. Estos productos químicos acaban en ríos, lagos y océanos, donde son ingeridos por los animales. Otra forma es deshacerse correctamente del plástico. Las bolsas y anillas de plástico que se encuentran en los paquetes de seis refrescos suelen acabar en los océanos y los leones marinos pueden comérselas o envolverlas. Evitar el plástico o cortarlo antes de tirarlo son buenas formas de mantener a salvo a los animales marinos.

La gente también puede colaborar como voluntaria con organizaciones dedicadas a proteger la vida oceánica. El Centro de Mamíferos Marinos de California cuenta con más de 1.000 voluntarios que trabajan todo el año para ayudar a los leones marinos a mantenerse sanos y vivos. Los jóvenes voluntarios, de 15 a 18 años, reciben formación para ayudar lavando equipos y limpiando los corrales y piscinas de los animales. Aprenden a hablar a los demás sobre la conservación de los océanos.

Estas acciones ayudan a los leones marinos y a todos los animales del océano. También ayudan al planeta. Empezar incluso con un pequeño paso es un paso en la dirección correcta.

INSTANTÁNEAS

Los **leones marinos de las Galápagos** son la especie de león marino más pequeña. Los machos pesan hasta 250 kg (550 libras) y las hembras entre 50 y 100 kg (110–220 libras).

Los leones marinos machos de las Galápagos tienen una gran protuberancia en la frente, lo que facilita su identificación.

Los **leones marinos sudamericanos** tienen la melena más larga de todas las especies de leones marinos. Esta melena les da un aspecto más parecido al de los leones.

Los **leones marinos australianos** son la especie más rara de león marino. Se calcula que hay entre 10.000 y 12.000 ejemplares en libertad.

Las hembras de león marino australiano tienen el embarazo más largo, de 17 meses y medio.

Existía una séptima especie de león marino llamada **león marino japonés**. Esta especie se extinguió en la década de 1970. Desde entonces se ha informado de algunos avistamientos, pero ninguno ha sido verificado.

Los leones marinos a veces comen rocas durante los periodos de ayuno. Los científicos creen que se debe a que las rocas dan sensación de saciedad cuando los leones marinos no pueden comer peces u otras presas.

Los expertos recomiendan mantenerse a una distancia mínima de 91,4 m (100 yardas) de los leones marinos para darles espacio. Si un león marino mira fijamente a un humano, demuestra que se siente amenazado.

Los leones marinos pueden moverse a una velocidad de hasta 56,3 km (35 millas) por hora en el agua.

Los leones marinos se encuentran en océanos de todo el mundo, excepto en el Atlántico Norte. Las temperaturas del agua y las presas disponibles son ideales para los leones marinos, pero los científicos aún no han descubierto por qué evitan esa zona de agua oceánica.

PALABRAS para saber

aislado	atrapa y retiene el calor
balsa	congregación de animales que descansan sobre el agua
colonia de cría	lugar de cría de mamíferos, como los leones marinos
crustáceo	criatura acuática, como la langosta o el cangrejo, que tiene un caparazón exterior duro
destetado	acostumbrado a un lactante a un alimento distinto de la leche materna
harén	grupo de hembras que comparten una única pareja
mensajero	persona o animal que transporta algo de un lugar a otro
migrar	desplazarse de un lugar a otro durante el año, normalmente para alimentarse o reproducirse
mudar	mudar pelo, piel, plumas o una capa externa periódicamente
pinnípedo	mamífero acuático carnívoro con cuatro aletas como extremidades

recompensa dinero que se da por capturar o matar a un animal

tasa de mortalidad tasa de mortalidad de los individuos de una población durante un periodo de tiempo específico

Visita

AUDUBON ZOO

Observa a los leones marinos nadando y jugando desde la zona de observación submarina.

6500 Magazine Street
New Orleans, LA 70118

MINNESOTA ZOO

Echa un vistazo a los leones marinos de California en la exposición Discovery Bay.

13000 Zoo Boulevard
Apple Valley, MN 55124

COLUMBUS ZOO AND AQUARIUM

Haz un recorrido por las instalaciones del acuario para focas y leones marinos y aprende cómo cuida el zoo de los animales marinos.

4850 West Powell Road
Powell, OH 43065

PENÍNSULA DE POINT REYES

Viaja al Sea Lion Overlook para ver leones marinos en libertad.

West Sir Francis Drake Boulevard
Inverness, CA 94937

ÍNDICE